BEI GRIN MACHT SICH IHR WISSEN BEZAHLT

AF141673

- Wir veröffentlichen Ihre Hausarbeit,
  Bachelor- und Masterarbeit

- Ihr eigenes eBook und Buch -
  weltweit in allen wichtigen Shops

- Verdienen Sie an jedem Verkauf

Jetzt bei www.GRIN.com hochladen und kostenlos publizieren

GRIN

Karin Sieber

Einschätzen von Wahrscheinlichkeiten und die Rolle des Zufalls

Aus welchen Säckchen ziehe ich am wahrscheinlichsten einen blauen Muggelstein?

GRIN Verlag

Bibliografische Information der Deutschen Nationalbibliothek:

Die Deutsche Bibliothek verzeichnet diese Publikation in der Deutschen National-
bibliografie; detaillierte bibliografische Daten sind im Internet über http://dnb.d-
nb.de/ abrufbar.

Dieses Werk sowie alle darin enthaltenen einzelnen Beiträge und Abbildungen
sind urheberrechtlich geschützt. Jede Verwertung, die nicht ausdrücklich vom
Urheberrechtsschutz zugelassen ist, bedarf der vorherigen Zustimmung des Verla-
ges. Das gilt insbesondere für Vervielfältigungen, Bearbeitungen, Übersetzungen,
Mikroverfilmungen, Auswertungen durch Datenbanken und für die Einspeicherung
und Verarbeitung in elektronische Systeme. Alle Rechte, auch die des auszugsweisen
Nachdrucks, der fotomechanischen Wiedergabe (einschließlich Mikrokopie) sowie
der Auswertung durch Datenbanken oder ähnliche Einrichtungen, vorbehalten.

Impressum:

Copyright © 2015 GRIN Verlag GmbH
Druck und Bindung: Books on Demand GmbH, Norderstedt Germany
ISBN: 978-3-656-97443-7

Dieses Buch bei GRIN:

http://www.grin.com/de/e-book/301514/einschaetzen-von-wahrscheinlichkeiten-
und-die-rolle-des-zufalls

GRIN - Your knowledge has value

Der GRIN Verlag publiziert seit 1998 wissenschaftliche Arbeiten von Studenten, Hochschullehrern und anderen Akademikern als eBook und gedrucktes Buch. Die Verlagswebsite www.grin.com ist die ideale Plattform zur Veröffentlichung von Hausarbeiten, Abschlussarbeiten, wissenschaftlichen Aufsätzen, Dissertationen und Fachbüchern.

Besuchen Sie uns im Internet:

http://www.grin.com/

http://www.facebook.com/grincom

http://www.twitter.com/grin_com

Doppellehrprobe

1. UE: Mathematik:

Aus welchem Säckchen soll Max ziehen, um am wahrscheinlichsten einen blauen Muggelstein zu erhalten?

.

Inhaltsverzeichnis

1. Lehrplanbezug des Themas

Bildungs-und Erziehungsauftrag der Grunschule

Der LehrplanPlus benennt Kompetenzerwerb in allen Bereichen des Lebens als zentrale Bildungsaufgabe der Grundschule und er versteht Kompetenzen als „fachspezifische und überfachliche Fähigkeiten und Fertigkeiten, die Wissen und Können miteinander verknüpfen, und motivationale Aspekte ebenso umfassen wie Argumentationsfähigkeit, Problemlösefähigkeit, Reflexionsfähigkeit und Urteilsfähigkeit." [1]Neben dem Erwerb der Kulturtechniken wie Rechnen und mathematische Kompetenz, sollen Schüler das Lernen lernen, begabtengerecht gefördert werden, in einem erziehenden Unterricht Schule als Lern- und Lebensraum erfahren, in der Variation der Unterrichtsformen Übung und Sicherung erleben.

Differenzierter und individualisierter Unterricht orientiert sich am Leistungsspektrum der Klasse und soll auf die unterschiedlichen Lernvoraussetzungen, auf den Leistungsstand der Schüler sowie ihre Fähigkeiten und ihr Lerntempo abgestimmt sein. Dies setzt eine sorgfältige Beobachtung der individuellen Lernwege und – fortschritte der Schüler voraus. Auch das fächerverbindende Lernen, wird im Kapitel 1 Bildungs- und Erziehungsauftrag der Grundschule -„Grundlegung der Bildung als Auftrag der Grundschule" - angesprochen.[2]

Fachprofil Mathematik

Der Mathematikunterricht leistet einen wesentlichen Beitrag zum Bildungsauftrag der Grundschule, da die Lerninhalte des Mathematikunterrichts in hohem Maße geeignet sind, grundlegende Fähigkeiten zu entwickeln und zu steigern:

–   Vergleichen, Unterscheiden, Klassifizieren, Ordnen, Strukturieren, Transformieren, Verknüpfen, Zerlegen, Schlüsse ziehen, Gesetzmäßigkeiten entdecken, Regeln bilden sowie Erkanntes auf andere Zusammenhänge übertragen.

–   Aussagen und Lösungswege plausibel und logisch begründen, Vermutungen und Behauptungen überprüfen und Widersprüche aufdecken.

Er trägt dazu bei „Probleme zu strukturieren und zu lösen. So liefert Mathematik einen Beitrag zur altersgemäßen Lebensbewältigung"[3].

„Kompetenzorientierter Mathematikunterricht in der Grundschule stärkt die Schülerinnen und Schüler darin, mathematische Strukturen und Prinzipien (...) zu erkennen und zu durchdringen. Kenntnisse und Fertigkeiten werden geistig flexibel und reflektiert in verschiedenen Anwendungs- und Anforderungssituationen genutzt."[4]

---

[1]LehrplanPLUS S. 23
[2]Vgl. ebd., S.19-29
[3]ebd. S. 104
[4]ebd., S.104

3

Das **Kompetenzstrukturmodell** des LehrplanPLUS orientiert sich an den Bildungsstandards im Fach Mathematik für den Primarbereich, die 2004 von der Kultusministerkonferenz bundesländerübergreifend beschlossen wurden. Die Standards sollen „eine klare Perspektive für die anzustrebenden Ziele geben, auf die hin sich auch eine individuelle Förderung konzentrieren muss."[5] Das Modell gliedert sich in zwei Bereiche, die im Unterricht stets miteinander verknüpft werden, in die prozessbezogenen Kompetenzen und die Gegenstandsbereiche, die in allen 4 Jahrgangsstufen gleich sind und mit verschiedenen Kompetenzerwartungen und Inhalten konkretisiert werden.

Prozessbezogene Kompetenzen:

Modellieren (M)

- Sachtexten und anderen Darstellungen der Lebenswirklichkeit die relevanten Informationen entnehmen

- Sachprobleme in die Sprache der Mathematik übersetzen, innermathematisch zu lösen und diese

  Lösungen auf die Ausgangssituation zu beziehen

Probleme lösen (P)
- mathematische Kenntnisse, Fertigkeiten und Fähigkeiten bei der Bearbeitung problemhaltiger Aufgaben anwenden,
- Lösungsstrategien entwickeln und nutzen (z.B. systematisch probieren),
- Zusammenhänge erkennen, nutzen und auf ähnliche Sachverhalte übertragen.

Kommunizieren (K)
- eigene Vorgehensweisen beschreiben, Lösungswege anderer verstehen und gemeinsam darüber reflektieren,
- mathematische Fachbegriffe und Zeichen sachgerecht verwenden,
- Aufgaben gemeinsam bearbeiten, dabei Verabredungen treffen und einhalten.

Argumentieren (A)
- mathematische Aussagen hinterfragen und auf Korrektheit prüfen,
- mathematische Zusammenhänge erkennen und Vermutungen entwickeln,
- Begründungen suchen und nachvollziehen.

Darstellungen verwenden (D)
- für das Bearbeiten mathematischer Probleme geeignete Darstellungen entwickeln, auswählen und nutzen,
- eine Darstellung in eine andere übertragen,
- Darstellungen miteinander vergleichen und bewerten.

Gegenstandsbereiche *(entsprechen den Lernbereichen, wobei Muster und Strukturen keinen eigenen darstellen, da er aufgrund seiner übergreifenden Bedeutung in alle anderen Lernbereiche integriert ist)*
- Zahlen und Operationen
- Raum und Form
- Größen und Messen
- Daten und Zufall
- Muster und Strukturen

vgl. LehrplanPlus S. 106-109

---

[5]Sekretariat der ständigen Konferenz der Kultusminister der Länder in der Bundesrepublik, S.7

Fachlehrplan Mathematik 1 / 2

Im bayerischen LehrplanPLUS für die Grundschule ist die Unterrichtseinheit dem Lernbereich **4 „Daten und Zufall"**, genauer **4.2 „Zufallsexperimente durchführen und Wahrscheinlichkeiten vergleichen"** zugeordnet. Der Umgang mit Daten, Wahrscheinlichkeiten, Zufällen und Häufigkeiten in dieser Einheit (als auch generell gesehen) ist ein ideales Betätigungsfeld zur Entwicklung von prozessbezogenen Kompetenzen im Bereich *Modellieren*, da es sich um eine Aktivität aus dem anwendungsbezogenen Bereich der Mathematik handelt. Desweiteren fordern die Problemstellungen dieser Einheit die Kinder zum *Probleme lösen* heraus und bieten Anlass zum Nachdenken und Diskutieren (*Kommunizieren und Argumentieren*), indem nach Erklärungen für ihre Beobachtungen gesucht wird. Da die Kinder auch Strichlisten führen und die Farben der gezogenen Muggelsteine in Tabellen eintragen, wird auch die Kompetenz *Darstellungen verwenden* weiter gefestigt.

Konkrete **Kompetenzerwartungen und Inhalte:**

Die Schülerinnen und Schüler

- führen einfache Zufallsexperimente (…) durch, um sie gemeinsam zu vergleichen, und ziehen einfache Schlüsse (…).

- verwenden zur Beschreibung einfacher Zufallsexperimente die Grundbegriffe sicher, möglich und unmöglich sowie die Begriffe wahrscheinlich und unwahrscheinlich in ihrer alltagssprachlichen Bedeutung.

Mögliche **Querverbindungen** zu anderen Fachbereichen bieten sich an zu:

- Deutsch :   1.4   Über Lernen sprechen
            2   Lesen – mit Texten und mit weiteren Medien umgehen, sinnverstehendes
                  Lesen weiterentwickeln, Informationen aus Sachtexten entnehmen

- HSU: 1.2 Leben in einer Medien- und Konsumgesellschaft (Glücksspiele)

- Kath.Rel.: 1 Miteinander anfangen (aufeinander zugehen, wer für mich wichtig ist)

- Sport   4 Wir ziehen bestimmte Farben und dürfen dann eine bestimmte Übung in der
               Turnhalle durchführen.

In diesen anderen Fächern können Wahrscheinlichkeiten, Glücksspiele und Zufall thematisiert werden, da dieser Inhaltsbereich fächerübergreifend ist.

2.   Darstellung der Sequenz

Dem Zufall auf der Spur - Ein erster Umgang mit Wahrscheinlichkeiten

1.UZE	**Wir kennen Fachbegriffe aus dem Bereich der Wahrscheinlichkeit** Grobziel: Die Schülerinnen und Schüler **wenden** die Begriffe „sicher", „möglich", „unmöglich" „wahrscheinlich", „gleich wahrscheinlich" und „unwahrscheinlich" **an**, indem sie korrekte **Vermutungen** anhand von Informationen **tätigen** (P, A, K).
2.UZE	**„Ist jede Augenzahl gleich wahrscheinlich?"** - Wir würfeln mit 1 Würfel - 40-maliges Würfeln mit einem Würfel und Notation in einer Tabelle - Grobziel: Die SuS machen Erfahrungen im Umgang mit Wahrscheinlichkeit, indem der Zufall **bewusst gemacht** wird. Sie erkennen, dass bei der Verwendung von einem Würfel die Wahrscheinlichkeit, jede Zahl zu würfeln, gleich groß, gleich wahrscheinlich, ist und **können** dies **begründen** (P, A).
3. UZE	**Ist jede Augensumme gleich wahrscheinlich?** - Wir würfeln mit zwei Würfeln- Grobziel: Die Schülerinnen und Schüler **erkennen**, dass bei der Verwendung zweier Würfel unterschiedliche Wahrscheinlichkeiten hinsichtlich der Augensumme auftreten, indem sie in **Partnerarbeit ein Spiel** als Zufallsexperiment **durchführen**, ihre Ergebnisse **protokollieren**, anschließend **interpretieren**, erste **Begründungen** dafür **finden** und die **Gewinnstrategie ermitteln** (P, K, A).
4. UZE	**Wir untersuchen die Entstehung der einzelnen Augensummen anhand einer Additionstabelle** - Welche Zahlen würdest du nun im Spiel „Leuchtturm" wählen? - Grobziel: Die SuS können nun mithilfe der **Additionstabelle begründen**, warum manche Ergebnisse häufiger vorkommen. Die gewonnenen **Erkenntnisse** werden wieder auf das Spiel„Leuchtturm" **übertragen**, indem

	die SuS nun **begründen** können, welche Zahlen im Spiel die Gewinnchancen am meisten erhöhen (D, A, P, M).
5,+6. UZE	**An welchem Glücksrad soll Max drehen, um am Wahrscheinlichsten auf ein blaues Feld zu kommen?** Grobziel: Die Schüler **stellen Vermutungen** über die zu erwartenden Ergebnisse **an,** indem sie am Wahrscheinlichkeitsstreifen eine Klammer anbringen und **überprüfen** diese, indem sie an den Glücksrädern drehen und die tatsächlichen Ergebnisse in **Strichlisten dokumentieren** (A, D).
7. UZE	**Wie viele gelbe und rote Bonbons sind wohl in der Box?** Grobziel: Die Schüler **werten** Strichlisten **aus,** interpretieren diese und **überprüfen** ihre Vermutungen über den Inhalt (A, P).
8. UZE	**Aus welchem Säckchen soll Max ziehen, um am Wahrscheinlichsten einen blauen Muggelstein zu erhalten?** Grobziel: Die Schüler **äußern** sich begründet zur Einschätzung von Gewinnchancen beim Zufallsexperiment „Ziehen von Muggelsteinen aus Säckchen" (P, A, D).
9. UZE	**Wir drehen am Glücksrad, losen, ziehen Bonbons, angeln Fische und würfeln eine Zahl** Grobziel: Die Schüler **wenden ihr** Wissen zu „Zufall und Wahrscheinlichkeiten" an Glückspielstationen **an (A, K, P)**
10. UZE	**Wir zeigen was wir können – Probe – Wahrscheinlichkeit** Einschätzen von Wahrscheinlichkeiten, Anwenden der Begriffe sicher, möglich, wahrscheinlich, unwahrscheinlich, unmöglich

3.   Eröffnete Lernchancen und -ziele

3.1   Sequenzziel

Die Schüler entwickeln bei der Bearbeitung einfacher Zufallsexperimente erste Problemlösestrategien und verwenden zur Beschreibung der Zufallsexperimente Grundbegriffe der Wahrscheinlichkeit.

Nachdem die Schüler und Schülerinnen die Bedeutung der Begriffe „möglich", „sicher", „unmöglich", „wahrscheinlich", „gleich wahrscheinlich" und „unwahrscheinlich" **verstanden** haben (P), **machen** sie anhand des Zufallsgenerators „Würfel" **erste Erfahrungen** mit der Untersuchung von Wahrscheinlichkeiten. Indem sie verschiedene Zufallsexperimente **durchführen, auswerten** und **analysieren** (P), **lernen sie,** Gewinnchancen **einzuschätzen, zu beschreiben** und **miteinander zu vergleichen** (K, A). Ferner **entwickeln** sie eine kritische Haltung gegenüber Glücksspielen, indem sie einfache Gewinnregeln auf Fairness **überprüfen** und unter logischen Gesichtspunkten **beurteilen** können (A, M).

Zusätzlich **üben** sie gelernte Rechenoperationen (Addition im 20-iger Raum) systematisch. Es wird zudem die Entwicklung eines sicheren Zahlenbegriffs gefördert, indem die **Darstellungsebenen miteinander in Bezug gesetzt** werden müssen (D).

3.2   Grobziel

Das Grobziel der Stunde lautet:

Die Schüler äußern sich begründet zur Einschätzung von Gewinnchancen beim Zufallsexperiment „Ziehen von Muggelsteinen aus Säckchen".

3.3.   Feinziele der Stunde

Die Schüler und Schülerinnen erhalten die Lernchance

- die im Zufallsexperiment ermittelten Daten in einer Strichliste darzustellen.
- eine begründete Prognose zur Verteilung der blauen und roten Muggelsteine in ihrem Säckchen zu formulieren.
- die Gewinnchancen für jedes der fünf Säckchen mit Grundbegriffen der Wahrscheinlichkeit zu benennen.
- sich begründet für das Säckchen mit den besten Gewinnchancen zu entscheiden.
- erneut die Rolle des Zufalls im Glücksspiel zu erkennen.

Differenzierte Feinziele für schwächere Schüler:

Diese Schüler nutzen den Wahrscheinlichkeitsstreifen intensiver, um sich die Eintrittswahrscheinlichkeiten zu veranschaulichen.

4.   Begründung der Zielsetzung

4.1   von der Sachstruktur

Die Schüler beschäftigen sich in dieser Unterrichtseinheit mit der Wahrscheinlichkeit bei einfachen Zufallsexperimenten, einem Teilbereich aus der **Stochastik**. Unter Stochastik versteht man die Kunst des vernünftigen Vermutens, und zwar des vernünftigen Vermutens in den für menschliches Leben offensichtlich so typischen Situationen, in denen es an sicherem und zureichendem Wissen mangelt. Stochastik ist ein Sammelbegriff für **Kombinatorik, Wahrscheinlichkeitsrechnung und Statistik**. In der Kombinatorik geht es um Anzahlbestimmungen, in der Statistik um Messungen, um eine Beschreibung des Ist-Zustandes. Die Wahrscheinlichkeitstheorie unterwirft den Zufall soweit wie möglich dem mathematischen Denken. Sie versucht den Zufall durch mathematisches Denken soweit wie möglich zu entschlüsseln und schafft Modelle zur Bewertung von Statistiken.

Hierbei werden Zufallsexperimente, also „reale Vorgänge (Versuche) unter exakt festgelegten Bedingungen"[6] untersucht. Die Bedingungen besagen hierbei, das Experiment müsse „beliebig oft unter den gleichen Bedingungen durchführbar"[7] sein, wobei die möglichen Ergebnisse bekannt, die tatsächlichen Ergebnisse aber nicht vorhersehbar sind. Zu den Zufallsexperimenten zählen „das Werfen einer Münze, das Würfeln mit einem (idealen) Spielwürfel, das Drehen an einem Glücksrad und das Entnehmen von Kugeln aus einer Urne"[8], wobei die Münze, der Würfel, das Glücksrad oder die Urne als der jeweilige „Zufallsgenerator"[9] bezeichnet werden.

Wahrscheinlichkeit ist im Allgemeinen definiert als das Verhältnis der Zahl der günstigen Fälle zur Zahl aller möglichen Fälle.[10]

Begriffe zur Eintrittswahrscheinlichkeit:

Tritt ein Ereignis auf jeden Fall ein, wird es als **sicher** bezeichnet.

Tritt es nie ein, spricht man von einem **unmöglich**en Ereignis. Schließlich ist ein Ereignis **möglich**, wenn es eintreten kann, man aber das Eintreten nicht sicher vorhersagen kann. Je häufiger ein Ereignis eintritt, desto höher ist die Eintrittswahrscheinlichkeit. Sie liegt immer zwischen 0 (unmöglich) und 1 (sicher), ein Ereignis kann also auch **unwahrscheinlich** oder **wahrscheinlich** eintreten.

Gesetz der großen Zahlen:

Die häufige Durchführung des Experiments basiert auf der mathematischen Grundlage des „Gesetzes der großen Zahlen" für die Ermittlung von Wahrscheinlichkeiten mithilfe von relativen Häufigkeiten wie der in dieser Stunde geforderten Strichliste. Das Gesetz besagt, dass sich mit wachsender Anzahl an Versuchen die

---

[6]Neubert, S.27
[7]a.a.O.
[8]a.a.O.
[9]a.a.O.
[10]vgl. Lehner, S.13

9

relative Häufigkeit eines Ereignisses seiner theoretischen Eintrittswahrscheinlichkeit nähert.[11]

Der Wahrscheinlichkeitsstreifen

Er ist ein Hilfsmittel, um schon in der Grundschule bewertende Aussagen zur Wahrscheinlichkeit zufälliger Ereignisse zu ermöglichen. Durch das Anheften einer Klammer können die Schüler ohne die Angabe von genauen Zahlenwerten Aussagen zur Wahrscheinlichkeit treffen oder auch die Wahrscheinlichkeit mehrerer Zufallsexperimente miteinander vergleichen.

Bernoulli-Experiment

Die beiden möglichen Ergebnisse eines solchen Experiments bezeichnet man als Erfolg oder als Misserfolg (Erfolg: Ziehen des blauen Muggelsteines, Misserfolg: roter Muggelstein). Führt man einen solchen Versuch n-mal durch, so spricht man von einem n-stufigen Bernoulli - Versuch oder einer Bernoullikette der Länge n. Bei n-stufigen Bernoulli-Versuchen wird verlangt, dass das Ergebnis eines Einzelversuchs nicht durch die anderen Versuche beeinflusst wird. Man interessiert sich bei einem solchen n-stufigen Versuch für die Anzahl der Erfolge oder der Misserfolge.

Bei jedem Einzelversuch muss die gleiche Trefferwahrscheinlichkeit vorliegen:

$P(\{1\}) = p$ und $P(\{0\}) = 1 - p$. Jeder Versuch wird also durch dasselbe Modell beschrieben. Das 20-fache Ziehen von Muggelsteinen" ist ein Beispiel für eine Bernoulli-Kette der Länge 20. Das Experiment besteht nämlich aus 20 getrennten (unabhängigen) Durchführungen des Bernoulli-Experiments. Im vorliegenden Beispiel ist diese Bedingung mit der Voraussetzung, dass der jeweils gezogene Muggelstein wieder in das Säckchen zurückgelegt wird, gewährleistet (Ziehung mit „Zurücklegen"). Die Versuche laufen alle unter exakt den gleichen Voraussetzungen ab. Bei jeder Durchführung ist die Trefferwahrscheinlichkeit p und die Nietenwahrscheinlichkeit q gleich. Wie auch bei vorliegendem Experiment, interessiert man sich bei einem Experiment vielfach nur für die Anzahl X der Erfolge, die bei n Versuchen auftreten, nicht jedoch für die Reihenfolge, in der Erfolge (Treffer) und Misserfolge (Niete) eintreten.

Anschließend sind die für den einzelnen Zug zutreffende Wahrscheinlichkeit in den einzelnen Säcken angegeben (p für blaue Steine).

<u>Sack 1:</u>

$p = 6/8 = 0,75$ das entspricht 75 %, somit ist es **wahrscheinlicher (möglich)** einen blauen Stein als einen roten Stein zu ziehen.

<u>Sack 2:</u>

$p = 8/8 = 1$, das entspricht 100 %, somit ist es **sicher** einen blauen Muggelstein zu ziehen.

<u>Sack 3:</u>

$p = 0/8 = 0$, das entspricht 0 %, somit ist es **unmöglich** eine blauen Stein zu ziehen.

<u>Sack 4:</u>

$p = 2/8 = 0,25$ das entspricht 25 %, somit ist es **unwahrscheinlicher (aber**

---

[11]vgl. Hasemann, S.152

möglich) einen blauen Stein als einen roten Stein zu ziehen. Sack 5: p = 4/8 = 0,5 das entspricht 50 %, somit ist es **gleich wahrscheinlich(möglich)** einen blauen und einen roten Stein zu ziehen.

Stochastik leistet einen wesentlichen Beitrag zur Allgemeinbildung, denn „wenn eine der Grundaufgaben allgemein bildender Schulen darin besteht auf das Leben vorzubereiten und zur Erfassung der Wirklichkeit zu befähigen, dann kann man an dem Aspekt des Zufalls nicht vorbeigehen"[12]:

1. Kinder begegnen dem Phänomen „Zufall" schon vor dem Schuleintritt. Eine frühe Behandlung des Themas ist wünschenswert, weil sich Fehlvorstellungen ansonsten leicht verfestigen:

2. Die Schüler werden in ihrem Alltag in den verschiedensten Situationen bereits mit stochastischen Erscheinungen konfrontiert (statistische Daten, Wahrscheinlichkeitsaussagen oder umgangssprachliche Redewendungen der Wahrscheinlichkeitsrechnung (wie z. B.: wahrscheinlich regnet es morgen Spiele, die auf dem Zufallsprinzip basieren u.a.). Vor diesem Hintergrund leistet die Stochastik einen wichtigen Beitrag zur Erschließung der Umwelt.

3. Mathematische Aussagen über zufällige Vorgänge unterscheiden sich wesentlich von anderen mathematischen Aussagen: Auch die Mathematik kann z.B. nicht exakt vorhersagen, welche Zahl als nächste gewürfelt wird. Das vertieft das Verständnis, dass Mathematik mehr ist als nur das Berechnen von exakten Ergebnissen.

4. Ein wertvolles und wichtiges Argument, das für einen frühen Stochastikunterricht spricht, ist das des experimentellen und spielerischen Charakters der Stochastik. Problemstellungen aus der Stochastik sind oft anschaulich vermittelbar und leicht verstehbar. Sie treffen das Interesse vieler Kinder und bewirken eine intrinsische Motivation.

5. Die Auseinandersetzung mit stochastischen Fragestellungen dient dem Training von Problemlösestrategien: Die Stochastik stellt für die Entwicklung von Problemlösefähigkeit und für das Exemplarische im Unterricht eine nahezu unerschöpfliche Quelle dar.

6. Es ist zu beobachten, dass Kinder „entwicklungsbedingt zum Teil animistische Vorstellungen über die Ursache von Ereignissen"[13] haben. Ein Würfel etwa hat magische Eigenschaften und ein fester Glaube hilft, um eine 6 beim „Mensch-ärgere-dich-nicht" zu würfeln. Weitere Fehlvorstellungen sind beispielsweise, dass Ziehungsergebnisse durch Erfahrung, Geschick, Alter, mit der linken Hand würfeln zu beeinflussen sind. So kann das Lernen von Stochastik auch dazu beitragen, um höhere Kritikfähigkeit gegenüber vorgelegten Behauptungen zu erlangen. Das Durchführen und Untersuchen von Zufallsexperimenten innerhalb dieser Unterrichtsreihe kann also dazu dienen, sich von solchen Fehlvorstellungen zu lösen.[14]

7. Im Spiel erleben die Kinder auch, dass bestimmte Ereignisse häufiger eintreten als andere. Daraus ergibt sich die Frage, ob das Zufall ist, oder ob es dafür plausible Erklärungen gibt. Auf der Suche nach einer Erklärung setzen sich die Schüler intensiv mit dem Problem auseinander und können ihre Erkenntnisse auch in ihrer Lebenswelt anwenden.

8. Das vollständige Verstehen des Wahrscheinlichkeitsbegriffs braucht im Sinne des Spiralprinzips Zeit und eine kontinuierliche Beschäftigung. Im Grundschulalter lässt sich noch nicht mit Brüchen rechnen, deshalb kommen lediglich Vergleiche der (zu erwartenden) Häufigkeiten in Frage. Die Schematisierung

---

[12]Ulm, S. 11
[13]Lorenz, S.6
[14]Vgl. Eichler, S. 10

in Form von Zahlen ist den weiterführenden Schulen vorbehalten. Aber die stochastischen Erfahrungen sollten unbedingt bereits in der Grundschule gemacht werden.

E-I-S Prinzip

Das von Jerome Bruner aus der Lernpsychologie abgeleitete E-I-S Prinzip findet im Umgang mit dem mehrstufigen „Ziehen von Muggelsteinen" Berücksichtigung. So wird Ziehen mit konkretem Material durchgeführt (**enaktiv**), die gezogenen Muggelsteinfarben aufgeschrieben (**ikonisch**) und darüber hinaus verbalisieren die Schüler ihre Gedanken und Handlungsschritte, tauschen sich über ihr Vorgehen aus und halten die Ergebnisse in Form von Strichlisten fest (**symbolische** Ebene). Es wird dadurch auf unterschiedlichen Abstraktionsebenen gearbeitet und die Kinder erhalten so Sicherheit im Wechsel zwischen diesen Stufen.

Mit dem Zufallsexperiment wird den Schülern ein Vorgehen auf enaktiver und ikonischer Ebene angeboten.

4.2 von der Individuallage der Klasse

4.2.1 Ausgangslage – auffällige Schüler

Die meisten der **8 Mädchen** und **12 Jungen** zeigen einen zunehmend hilfsbereiten und rücksichtsvollen Umgang miteinander und unterstützen sich gegenseitig. Neuen Unterrichtsinhalten stehen die Kinder sehr offen und aufgeschlossen gegenüber. Viele beteiligen sich aufmerksam und gerne am Unterrichtsgeschehen. Im Allgemeinen sind die Kinder gut zu motivieren. Rituale, die den Schulalltag strukturieren und den Schülern Orientierung bieten, werden von den Kindern prinzipiell angenommen, allerdings werden Regeln, die das Zusammenleben- und arbeiten ermöglichen, von vielen Schülern noch gerne übersehen und müssen daher immer wieder neu eingefordert und trainiert werden. Dies gilt vor allem für Regeln wie das Melden und gegenseitige Zuhören bzw. Abwarten, wenn ein anderer spricht. Ein Bestrafungs- bzw. Belohnungssystem mit Wandern von der Sonne auf die Wolke und dann auf die Regenwolke wird kommentarlos angewandt, wenn ein Schüler gegen eine der Regeln verstößt. Einige Schüler sind noch recht unselbstständig und wenden sich schnell mit Fragen an die Lehrkraft. Mit klaren und transparenten Regeln wie „Ich denke zuerst selber nach." und „Ich frage meinen Nachbarn im Flüsterton, wenn ich nicht weiterkomme" und „Erst wenn der Nachbar auch nicht weiter weiß, wende ich mich an die Lehrkraft", offenen Lernarrangements, selbständiger Lösungskontrolle etc. und einer strukturierten Vorarbeit beabsichtige ich die Eigenständigkeit der Kinder weiter zu fördern.

Die Lerngruppe ist sehr **heterogen** in Bezug auf ihr Arbeitsverhalten, Arbeitstempo und ihrer Konzentrationsfähigkeit. Während einige durchgehend eine hohe Leistungsbereitschaft und eine engagierte Arbeitshaltung erkennen lassen, bemühen sich andere Schüler zwar, haben aber noch starke Aufmerksamkeitsprobleme. Wieder andere müssen immer wieder ermahnt werden, bei der Sache zu bleiben, etwas aufzuschreiben, mitzumachen, dies sind vor allem 3-4 Jungen, die leistungsmäßig im unteren und einer im oberen Bereich liegen, sie wirken oft abwesend. Diese Kinder fordern die Nähe und Aufmerksamkeit der Lehrkraft, sie benötigen klare Arbeitsanweisungen uns starke Präsenz.

Die Schüler sind Partnerarbeit, Gruppenarbeit, Sitzkreis, Tafelkino und Arbeit an verschiedenen Stationen gewohnt. Sie kennen Selbstkontrollen und können ihre Ergebnisse im Plenum präsentieren. Differenzierung meist anhand unterschiedlicher Schwierigkeitsstufen der Arbeitsblätter und -aufträge oder auch in qualitativer Hinsicht findet permanent statt.

Das gemeinsame Reflektieren über den Lernzuwachs bzw. das Präsentieren der Ergebnisse am Ende einer Stunde sind die Kinder gewohnt, jedoch fällt vielen Schülern das freie Formulieren über ihre gesammelten Erfahrungen noch schwer.

Verabredete Signale wie das Benutzen der Klangschale als Stille-Zeichen kennen die Kinder in all meinen Fächern. Das nahende Ende der Arbeit wird durch das Umdrehen der Sanduhr angezeigt.

Die Phase der Problemgewinnung findet zu einem großen Teil in **kooperativer Gruppenarbeit** statt. Mit dem Ziel der Ausbildung und Schulung sozialer sowie methodischer Kompetenzen arbeiten die Schüler in fünf von der Lehrkraft festgelegten Gruppenkonstellationen à vier Kinder, die bewusst leistungsheterogenen Charakter haben. Mit der klaren Aufgabenverteilung (Gruppenrollen: Schreiber, Präsentierer, Materialbeschaffer, Lautstärkenwächter, Gruppensprecher / Leser) soll ein positives Arbeitsklima und damit die Basis für Zusammenarbeit und Produktivität der Gruppenarbeit geschaffen werden. Jedes Gruppenmitglied trägt für mindestens eine Gruppenrolle Verantwortung, manche Kinder sogar für zwei. Die Gruppen übernehmen aber auch Verantwortung im Blick auf die Erreichung eines gemeinsamen Gruppenziels. Das nach wie vor im Vordergrund stehende gemeinsame und für die kooperative Arbeit grundlegende Ziel der Gruppenarbeit ist die sinnvolle Zusammenarbeit im Team. Dieses Ziel stellt insbesondere für einige Gruppen eine große Herausforderung dar. Die Kooperation der Gruppenmitglieder führt häufig zu Konflikten untereinander. Da diese Kompetenz gerade im Blick auf den langfristigen Erfolg von Gruppenarbeit unabdingbar ist, wird dieser Aspekt auch im Rahmen von individuellen Teamgesprächen immer wieder thematisiert.

T. etwa sorgt in der Gruppe „5" immer wieder für Unruhe, weil es ihm schwerfällt, sich anzupassen und Kompromisse zu schließen. Immer wieder entstehen Situationen, in denen er sich ungerecht behandelt fühlt und seine mangelnde Impulskontrolle in einem Wutanfall oder in Arbeitsverweigerung endet. Auch in der Gruppe „2" bereiten eine noch wenig entwickelte Teamfähigkeit und Kaspereien von *Nick* für Schwierigkeiten. Dieser Junge ist in ergotherapeutischer Behandlung, außerdem haben sich die Eltern an die Erziehungsberatungsstelle gewandt, da er sich daheim kaum an Regeln hält, auch im Unterricht redet er oft ungefragt. *J.* **Und** *R.* sorgen auch immer wieder für Unruhe. Gemeinsam mit den Schülern wurde der Gruppensprecher festgelegt, dessen anspruchsvolle Aufgabe darin besteht, die Gruppenarbeit zu strukturieren und zu moderieren.

J. absolviert momentan das Marburger-Konzentrationstraining, da er phasenweise gut mitarbeitet, dann aber wieder völlig unmotiviert ist und nur sehr langsam und unsauber arbeitet. Testung auf ADS wird von der Schulpsychologin in Kürze vorgenommen.

R. erhält seit Dezember ADHS-Medikamte und arbeitet phasenweise sehr konzentriert mit, ist aber sehr leistungsschwach.

Ergebnisse der von mir am 23.3.15 durchgeführten Befragung aufgrund derer ein Soziogram der Klasse 2b erstellt wurde

1 Junge hat sich eindeutig herauskristallisiert, neben dem 8 Kinder keinesfalls sitzen wollen, dieser würde auch mehrheitlich nicht zum Geburtstag eingeladen werden und neben ihm möchten die meisten auch nicht in der Zweierreihe laufen. **T.** ist der Außenseiter der Klasse, er verhält sich leider auch oft unkameradschaftlich, fügt sich nur schwer in die Gruppenarbeit ein und er ist auch einer der Träumer im Unterricht. Leon ist der beliebteste Schüler, aber insgesamt ist das Klima ansonsten sehr ausgeglichen.

Nach der Vorerhebung wurden in der zweiten Sequenzstunde die Begriffe „wahrscheinlich", „ gleich wahrscheinlich" „unwahrscheinlich", „sicher", „möglich" und „unmöglich" eingeführt, die als **Fachbegriffe** somit vorausgesetzt werden und daher auch angewandt werden können. Der Großteil der Schüler zeigt großes Interesse am Thema „Wahrscheinlichkeit". Insbesondere das mathematische Experimentieren, das Würfeln, das Würfelspiel und das Einschätzen mit Hilfe des Wahrscheinlichkeitsstreifens findet bei den Kindern großen Anklang.

Nach einer intensiven Phase der Begriffsbildung wurden die Kinder zunehmend sicherer, mit Hilfe der genannten Fachbegriffe qualitative Einschätzungen von Eintrittswahrscheinlichkeiten abzugeben und ihre Vermutungen entsprechend zu begründen.

Vor allem im Rahmen der zweiten UZE zeigte sich deutlich, dass die Einschätzung von Eintrittswahrscheinlichkeiten bestimmter Ereignisse im Alltag aber oft noch stark emotional geprägt ist. Vor der Durchführung des Zufallsexperiments „Ist jede Augenzahl gleich wahrscheinlich" vermuteten viele Schüler, dass das Erwürfeln einer „Sechs" unwahrscheinlicher ist, als das Erwürfeln der anderen Zahlen. Das liegt wohl daran, dass die „Sechs" in vielen Spielen eine besondere Bedeutung hat und damit die Aufmerksamkeit auf diese Zahl gelenkt ist. Die meisten Kinder waren über das ermittelte Ergebnis, dass die Wahrscheinlichkeit, eine „Sechs" zu würfeln gleich groß ist wie das Erwürfeln einer anderem Zahl, sichtlich überrascht.

In Auseinandersetzung mit den Inhalten der vorausgehenden Stunden haben die Kinder zunehmend erkannt, dass das entscheidende Merkmal von zufälligen Ereignissen die Ungewissheit der einzelnen Ergebnisse ist. Auch sammelten die Schüler im Rahmen vorausgehender Unterrichtsstunden in eigenaktiver Tätigkeit erstes Wissen um **die Technik des Erstellens und Auswertens einer Strichliste**. Die Schüler haben erkannt, dass sich in einem Experiment ermittelte Daten mit Hilfe einer Strichliste übersichtlich darstellen lassen. Auch wurde ihnen bewusst, dass über die Länge einer Strichliste Aussagen über die Eintrittswahrscheinlichkeit eines Ereignisses gemacht werden können. Diese Fähigkeit stellt eine grundlegende Voraussetzung für das korrekte Darstellen der im Zufallsexperiment ermittelten Daten und deren Interpretation dar. Aufbauend auf diesem Vorwissen kann das Hauptaugenmerk der Unterrichtsstunde auf die stochastische Problemstellung gerichtet werden.

Mit Blick auf den in der UZE zu behandelnden Lerngegenstand verfügen die Schüler auch über

14

methodisches Vorwissen. Die Schüler sind aufgrund vorausgehender Stunden, aber auch der im Unterricht immer wiederkehrenden Elemente (Formulierung der Problemfrage, Erkenntnisformulierung etc.) mit dem groben Ablauf der Unterrichtsstunde vertraut.

Die Klasse weißt also eine große Heterogenität sowohl im sozialen als auch im leistungsmäßigen Bereich auf.

Entwicklungspsychologische Hinweise

Phasen der Entwicklung des mathematischen Denkens nach Piaget:

- 4-6 Jahre: Voroperativ-anschauliches Denken, Begriffe sind an die reale Anschauung und konkrete Handlung gebunden

- **6-12 Jahre: konkret-operatives Denken, Kompositionsfähige und reversible Denkhandlungen, Koordination von konkreten Handlungen in der Vorstellung, Lösung kann allmählich auf verschiedenen Wegen erreicht werden.**

- Ab 11 Jahren: Formal-operatives Denken, Denken ist nicht mehr an die konkrete Vorstellung gebunden, es ist deduktiv, abstrakt und hypothetisch.

Vgl. Maras, S. 169

4.2.2. Vorerhebungen

Eine Vorerhebung in Form einer Anwendung der Fachbegriffe und einer Einschätzung von Wahrscheinlichkeiten bezüglich des Erkennens von Gewinnchancen beim Drehen eines Glücksrades zeigte mir den momentanen Leistungsstand des jeweiligen Schülers in dem Kompetenzbereich des „Zufalls und der Wahrscheinlichkeiten".

Name	Modellieren	Probleme lösen	Kommunizieren	Argumentieren	Darstellungen verwenden	LSF Wahrscheinlichkeit	Besonderes
	-	-	-	-	o	-	Sehr langsame Auffassungsgabe, seit Trennung der Eltern unkonzentrierter
	++	++	++	+	+	++	Sehr eifrig dabei, sehr gute Ergebnisse
	+	+	+	+	+	++	Meldet sich viel, eifrig
	++	++	+	+	+	++	Sehr ordentlich, rechnet sicher
	o	–	-	-	o	-	Noch unsicher im Einschätzen von Wahrscheinlichkeiten, sehr langsam
	-	- -	-	-	o	-	Schwach in allen Bereichen, feinmotorische Probleme, langsam, oft in Gedanken woanders,
	++	++	++	++	++	++	Sehr schnell, eifrig
	+	++	+	+	+	o	Lässt sich leicht ablenken
	++	++	++	++	++	++	schnelle Auffassungsgabe, bester Schüler in Mathe
	+	+	o	o	o	o	Ruhig, redet sehr leise, eifrig dabei
				-	+	+	Erst seit Dezember in Deutschland, spricht und versteht schon viel, Begriffe wurden ihr auf Englisch und Spanisch erklärt, mittleres Leistungsniveau im Bereich Wahrscheinlichkeit
	++	++	+	+	+	+	Ruhig, fleißig
	+	+	+	+	+	o	eifert Antonia nach, etwas schwächer
	++	+	++	+	++	o	Sehr ordentlich, sie sucht sehr meine Nähe, fragt immer wieder nach, leistungsstark
	+	o	+	o	+	-	Träumt oft vor sich hin, sehr langsam, kann aber vieles, wenn er will
	+	o	o	+	+	o	Leistungsstark
	o	-	-	o	o	o	Konzentrationsprobleme, ärgert sich über sich selber, wenn er etwas nicht versteht, schwach
	+	+	+	+	+	o	Motiviert, kümmert sich um Julian, wird aber ab und an von ihm abgelenkt
	++	++	+	+	++	+	arbeitet konzentriert mit, meldet sich viel
	++	++	+	++	++	++	Oft schlecht zu motivieren, träumt vor sich hin, braucht immer wieder extra Aufforderung, ist aber leistungsstark

5.   Didaktische Reduktion

Eine Reduktion des Lerngegenstandes liegt in der Auswahl der Muggelsteine (geringe Anzahl, nur 2 Farben) und der relativ eindeutigen Verteilung auf die Säckchen (z.B. 2 und 6 statt 3 und 5) vor.

Um die Schüler auf dem Weg, die so benannten Wahrscheinlichkeiten in ihrer Bedeutung verstehen zu können (sie also mit mathematischen Mitteln ausdrücken und damit vergleichbar machen zu können) zu unterstützen, arbeiten die Kinder im Rahmen dieser Sequenz mit einem sogenannten **Wahrscheinlichkeitsstreifen[15]** als visuelle Veranschaulichung, mit dessen Hilfe sie Wahrscheinlichkeiten von Ereignissen einschätzen können. Die Skala macht es möglich, Aussagen zum Eintreten zufälliger Ereignisse darzustellen, ohne dass zunächst Angaben von Zahlenwerten notwendig sind. Stattdessen werden Formulierungen wie „Es ist sicher, dass…" oder „Es ist unmöglich, dass…" genutzt. Die Positionen auf dieser Skala haben im Mathematikunterricht der Grundschule zunächst informellen Charakter, in weiteren Schuljahren können diese aber zunehmend zahlenmäßig präzisiert werden.

Tritt ein Ereignis, dass als relativ sicher eingeschätzt wurde, doch nicht ein, spielt der Zufall auch noch eine Rolle. Die Kinder können dies auch als Glück oder Pech bezeichnen, wobei wir vermehrt den Begriff des Zufalls verwenden.

---

[15]Wahrscheinlichkeitsstreifen Bestandteil von: Häring, G.: Die Wahrscheinlichkeitsbox Grundschule.

6.   Methodisches Vorgehen

6.1   Kommentierter Sitzplan

Tischfarbe: Leistungsstärke in Mathematik, Wahrscheinlichkeit   stark,   schwach

Ergebnisse aus LSF und SuSbeobachtungen während der Sequenz bisher

[ ] Verständnis von Arbeitsaufträgen mittel   ⬤ Schülerpersönlichkeit strebsam, gewissenhaft

■ niedrig   ⬤ impulsiv, antreibend, laut

■ hoch   ☺ zurückhaltend, ausgeglichen

Auswertung des Soziogrammes:

♥ überwiegend ablehnende Stimmen erhalten

♥ überwiegend zustimmende Stimmen erhalten

♡ gleich viele ablehnende wie zustimmende Stimmen erhalten

6.2   Plan der Durchführung

Zeit	Artikulation	Unterrichtsverlauf	Sozial-form	Methoden
0	Einstimmung	Fragestellungen zur Wahrscheinlichkeit sicher, wahrscheinlich/möglich, unmöglich	UG	WK, Daumenan-zeige
2	PROBLEM-STELLUNG Hinführung zur Aufgabe	L zeigt Bild Kirchweih Schnaittach, Herr Jakobus, Max und Glückskönig SuS: Max geht auf der Kirchweih in Schnaittach zum nächsten Stand „Glückskönig" und der Budenbesitzer	Sitzord-nung UG	Impuls BKs
	Präsentation der Aufgabe	L: Das ist Herr Jakobus vom Glückskönig CD- Einspielung Zusammenfassung durch S und L: Wenn man aus einem der Säckchen einen blauen Muggelstein zieht, hat man am Stand Freie Auswahl L präsentiert „?"		CD - Spieler Wks Säckchen BK „?"
5	Zielangabe	Aus welchem Säckchen soll Max ziehen, um am Wahrscheinlichsten einen blauen Stein zu bekommen ?		Tafelanschrift
6	Erschließung der Aufgabe und ihrer Dar-stellung	Evtl. gleich SuSäußerungen: Wir könnten Strichlisten anlegen, falls nicht: *HI L: Max hat eine Bitte an euch: CD Ein-spielung:* SuS: Wir können ziehen und Strichlisten anfertigen und die dann auswerten L: Max braucht dich also als Gewinnexperten. CD Einspielung SuS und L besprechen Vorgehensweise der Gruppen SuS erklären Vorgehensweise nach der GA	UG	*HI: CD- Spieler* Arbeitsauftrag CD-Spieler
10	PROB-LEMLÖSUNG Problemunter-suchung	SuS ziehen und notieren ihre Ergebnisse in Strichliste, vermuten anhand der Ergebnisse, welche Steine sich in ihrem Säckchen befinden könnten und notieren das	GA	AB und Platz-deckchen Wahrscheinlich-keitsstreifen 5 Säckchen

	Entwicklung von Lösungshilfen und – strategien	L beobachtet SuS kommen auf akustisches & visuelles Signal mit ihren Wahrscheinlichkeitsstreifen, AB und Säckchen in Kinositz	Tafelkino	5 leistungsmäßig heterogene Gruppen, wobei die Säcken mit nur blauen bzw. nur roten Steinen die leistungsmäßig insgesamt schwächsten Gruppen erhalten
25	Problemauswertung	L: „Jetzt bin ich aber gespannt, was die einzelnen Gruppen erforscht haben!" Gruppen stellen ihre Ergebnisse vor	UG	Tafel, Säckchen, Strichlisten
	Präsentation der Lösungen	St.I.: L. blickt/deutet auf Ergebnisse an der TA SuS vermuten: Die Ergebnisse sind ganz unterschiedlich, weil verschieden viele blaue bzw. rote Steine in den Säckchen sind		blaue und rote Magnete an Tafel großer Wahrscheinlichkeitsstreifen an Tafel
	Gemeinsame Aufgabenlösung	L: Wie wahrscheinlich ist es nun mit dem ersten Sack eine blaue Münze zu ziehen? SuS begründen exemplarisch am Wahrscheinlichkeitsstreifen an der Tafel. L deutet auf Säckchen 2, 3, 4 und 5. Vorgehen wie bei Säcken 1. L: Sicher kannst du mir jetzt sagen, welches Säckchen ich auf den Zettel für Max schreiben soll. SuS äußern sich frei. Lehrer notiert Tipp an der Tafel	PA/UG	Wahrscheinlichkeitsstreifen Wäscheklammern
	Problemerkenntnis Rückbesinnung	L: „Nachdem wir unseren Tipp ja bereits aufgeschrieben haben, dürfen wir auch überprüfen, was in den einzelnen Säcken ist!" Der tatsächliche Inhalt wird nun überprüft und mit den gemachten Vermutungen verglichen. L:Würdest Du unseren Wahrscheinlichkeitsstreifen an der Tafel nun verändern? SuS äußern sich noch einmal zu jedem Säckchen. Evtl. werden Unklarheiten geklärt.		blaue und rote Magneten an Tafel evtl. korrigiert
40	Sicherung	L bringt Wahrscheinlichkeitsskala am Boden an: Du bist für jedes Säckchen schon Gewinnexperte. Sicher kannst du die Säckchen auch so anordnen, dass wir auf		Wahrscheinlichkeitsskala auf

				Boden, Grup-penziffern, Säckchen
		einen Blick sehen können, mit welchem Säckchen wir die beste Gewinnchance haben.		
		Entsprechende Gruppen positionieren sich an der angezeigten Ziffer auf der Bodenskala	GA	
		L: Beratet euch im Team, welches Säckchen zu eurer Wahrscheinlichkeit gehört		
		Teams stellen ihre Entscheidung begründet vor. Wenn alle Teams einverstanden sind, wird das Säckchen dort positioniert.		
45	Vertiefung	Alte Gewinnregel „Der blaue Muggelstein gewinnt!" wird durch eine neue „Der rote Muggelstein gewinnt!" ersetzt	UG	Neue Gewinn-regel
		St.I.: L. deutet auf Problemfrage		
		(HI: L.: „Sicher kannst du auch jetzt einen Tipp abgeben, mit welchem Säckchen wir die besten Gewinnchancen haben. ") S.: „Mit dem dritten Säckchen haben wir die besten Gewinnchancen, weil darin nur rote Muggelsteine enthalten sind."		
		L. deutet auf Gewinnregel und W-Skala am Boden *(HI: L.: „ Ich möchte wieder auf einen Blick sehen können, mit welchem Säckchen wir die besten Gewinnchancen haben. ")* SuS vertauschen Säckchen und begründen dies.		Säckchen Wahrscheinlich-keitsskala
50	Reflexion	L: Ist es sicher, dass ich daraus nun einen roten Muggelstein ziehe? SuS: Ja, weil ja nur rote drinnen sind! L fragt zu Säckchen 1 und 5 → Überprüfen durch Ziehen, Begriff Zufall	Stehkreis	
		„Ich weiss nun neues... „Ich möchte noch erforschen...		
		Ausblick auf nächste Stunde „Kirchweih in der 2b"		
55	Bewegungs-pause	SuS gehen zurück an Platz und stellen sich hinter ihren Stuhl		

6.3   Tafelbild

8. Literaturverzeichnis

8.1 Grundlagenliteratur

Bayerisches Staatsministerium für Unterricht und Kultus: LehrplanPlus Grundschule. Lehrplan für die bayerische Grundschule. München 2014.

Maras, R, Ametsbichler, J.: Unterrichtsgestaltung in der Grundschule – ein Handbuch. Auer-Verlag, Donauwörth 2012.

Sekretariat der ständigen Konferenz der Kultusminister der Länder in der Bundesrepublik, Beschlüsse der der Kultusministerkonferenz. Bildungsstandards im Fach Mathematik für den Primarbereich. Wolter, Kluber, Deutschland. München / Neuwied 2005.

8.2 Fachwissenschaftliche Literatur

Bettner, M., Dinges, E.: Stochastik in der Grundschule. Kombinieren, schätzen, Daten erfassen und auswerten. Persen Verlag. Hamburg 2013.

Bosch, K.: Elementare Einführung in die Wahrscheinlichkeitsrechnung. Wiesbaden: Friedr. Vieweg & Sohn, 2006.

Bräu, K.: Individualisierung des Lernens- Zum Lehrerhandeln bei der Bewältigung eines Balanceproblems In: Bräu, K. / Schwerdt, U. (Hrsg.): Heterogenität als Chance. Vom produktiven Umgang mit Gleichheit und Differenz in der Schule. Münster 2005. S. 129- 149.

Müller, G./ Wittmann, E. : Der Mathematikunterricht in der Primarstufe. Vieweg. Braunschweig 1984.

Radatz, H./ Rickemeyer K. : Aufgaben zur Differenzierung im Mathematikunterricht der Grundschule. Hannover 2006.

Spinner, K.H.: Handlungs –und produktionsorientierter Mathematikunterricht. In: Bogdal, K.-M. / Korte, H.: Grundzüge der Literaturdidaktik. S. 247-257. München 2004.

8.3 Fachdidaktische Literatur

Dehn, C. u.: Was ist wahrscheinlicher? Glücksrad- und Urnenaufgaben für die Grundschule. In: Grundschulunterricht 2/2007. S. 33 – 36.

Eichler, K.-P.: Wahrscheinlich kein Zufall – Betrachtungen rum um Wahrscheinlichkeit und Häufigkeit. In: Praxis Grundschule 3/2010. S. 7 – 13.

Häring, G.: Die Wahrscheinlichkeitsbox Grundschule. Kallmeyer Lernspiele. Seelze 2013.

Hasemann, K.u.a.: Wahrscheinlichkeitemann, K., Mirwald, E., Hoffmann, A. (2008): Daten, Häufigkeit, Wahrscheinlichkeit. In: Walther, G.; van den Panhuizen, M.; Granzer, D. Und Köller, O. (Hrsg.): Bil dungsstandards für die Grundschule: Mathematik konkret. Cornelsen Verlag Scriptor, Berlin, S. 141-161.

ISB, Daten, Häufigkeit und Wahrscheinlichkeit. München 2008

Kurz, A., Hoffart, E.: „Da hat man einen Apfel mehr Glück." Schülerteams lösen Aufgaben zur Wahrscheinlichkeit." In: Grundschulunterricht Mathematik 2, 2008: S.29 ff.

Lehner, S., Mehltretter, K.: Kinder entdecken Stochastik. Daten, Wahrscheinlichkeit und Kombinatorik. 1.-4. Schuljahr. Oldenbourg Schulbuchverlag. München 2009.

Lorenz, J.H.: Die Kunst des Mutmaßens und Gerechte Spiele. In: Grundschule Mathematik 9/2011. S. 4 – 7 u. S. 40-43.

Mayer, St.:Wahrscheinlichkeitsrechnung – Ein motivierendes Thema für die Grundschule. In: Grundschulunterricht Mathematik 2/2008. S. 24 – 28.

Müller, A.: Wahrscheinlichkeitsrechnung und Statistik. Stark 2010.

Neubert, B.: Leitidee: Daten, Häufigkeit und Wahrscheinlichkeit – Aufgabenbeispiele und Impulse für die Grundschule. Offenburg 2012.

Schnabel, J., Trapp, A.: Problemlösendes Denken im Mathematikunterricht. Theoretische Grundlagen - Musteraufgaben – Materialien. 1.-4. Klasse. Auer Verlag. Donauwörth 2012.

Rechtsteiner-Merz, Charlotte (2009): Heute versuchen wir unser Glück. In: Grundschulmagazin, Heft 2, S. 21-24.

Röhrkasten, K.:Spiele mit dem Zufall – Spielend mit Wahrscheinlichkeiten im Mathematikunterricht umgehen. In Grundschule 5/2010. S. 22 – 25.

Ulm, V.: Stochastik-Teil mathematischer Bildung. In: Grundschulmagazin 2012, Heft 2, S. 8 -11

Weigl, Karsten: Kombinatorik und Rechnen: Würfeln. In: Ulm, V.(Hrsg.): Gute Aufgaben Mathematik. Cornelsen Scriptor. Berlin 2011, S. 100-102